サイパー思考力算数練習帳シリーズ
シリーズ４１
比 の 基 礎

比の基礎・比の合成・連比・比例配分

小数・分数範囲：小数・分数までの四則計算が、正確にできること。

◆ 本書の特長

１、中学受験には描かすことの出来ない「比」について、基礎から段階を踏んで詳しく説明しています。

２、自分ひとりで考えて解けるように工夫して作成されています。他のサイパー思考力算数練習帳と同様に、**教え込まなくても学習できる**ように構成されています。

◆ サイパー思考力算数練習帳シリーズについて

　ある問題について同じ種類・同じレベルの問題をくりかえし練習することによって、確かな定着が得られます。

　そこで、中学入試につながる文章題について、同種類・同レベルの問題をくりかえし練習することができる教材を作成しました。

◆ 指導上の注意

① 解けない問題、本人が悩んでいる問題については、お母さん（お父さん）が説明してあげて下さい。その時に、できるだけ具体的なものにたとえて説明してあげると良くわかります。

② お母さん（お父さん）はあくまでも補助で、問題を解くのはお子さん本人です。お子さんの達成感を満たすためには、「解き方」から「答」までの全てを教えてしまわないで下さい。教える場合はヒントを与える程度にしておき、本人が自力で答を出すのを待ってあげて下さい。

③ お子さんのやる気が低くなってきていると感じたら、無理にさせないで下さい。お子さんが興味を示す別の問題をさせるのも良いでしょう。

④ 丸付けは、その場でしてあげて下さい。フィードバック（自分のやった行為が正しいかどうか評価を受けること）は早ければ早いほど、本人の学習意欲と定着につながります。

もくじ

比の考え方・・・・・・・・・・・・3
  - 例題1・・・・・・・3
  - 例題2・・・・・・・5
  - 例題3・・・・・・・7
  - 例題4・・・・・・・9
  - 問題1・・・・・・10
  - 問題2・・・・・・10

比例式・・・・・・・・・・・・10
  - 例題5・・・・・・11
  - 例題6・・・・・・12
  - 問題3・・・・・・13
  - 問題4・・・・・・13
  - 例題7・・・・・・13
  - 問題5・・・・・・14
  - テスト1・・・・・15

比の値・・・・・・・・・・・16
  - 例題8・・・・・・16
  - 問題6・・・・・・17
  - 例題9・・・・・・17
  - 問題7・・・・・・18
  - テスト2・・・・・19

連比・・・・・・・・・・・・20
  - 問題8・・・・・20
  - 例題10・・・・・21
  - 例題11・・・・・22
  - 問題9・・・・・23
  - 例題12・・・・・25
  - 問題10・・・・・26
  - 例題13・・・・・27
  - 問題11・・・・・28
  - テスト3・・・・・29

比例配分・・・・・・・・・・31
  - 例題14・・・・・31
  - 問題12・・・・・32
  - 例題15・・・・・33
  - 問題13・・・・・34
  - テスト4・・・・・35

解答・・・・・・・・・・・・・・・・38

比の考え方

考え方1、太郎君はえんぴつを6本、花子さんは同じえんぴつを4本持っています。

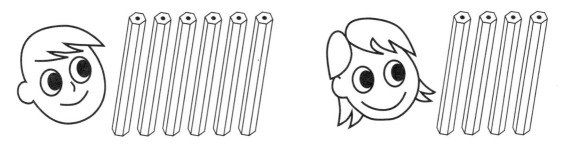

　2人の持っているえんぴつの本数の割合（大小）を表すのに、「比」という方法があります。

　　　太郎君と花子さんのえんぴつの本数の比は　6：4　と表します。
　　　6：4は「ろくたいよん」と読みます。

例題1、太郎君はえんぴつを6本、花子さんは同じえんぴつを4本持っています。太郎君と花子さんのえんぴつの本数の比は何：何ですか。

答、　6：4

考え方2、太郎君はえんぴつを6本、花子さんは同じえんぴつを4本持っています。花子さんと太郎君のえんぴつの本数の比は何：何ですか。

　これは例題1と同じ問題でしょうか。よく読んで下さいね。例題1とは少し設問の文章がちがいます。
　この問題では「**花子さんと太郎君**のえんぴつの本数の比」と書いてあります。
　比の問題では、順番が非常に大切です。
　　「AとBの比」と書かれてある場合には「A：B」、
　　「BとAの比」と書かれている場合には「B：A」
と表さなければなりません。

　この問題では「**花子さんと太郎君**のえんぴつの本数の比」と書いてありますから、

比の考え方

「花子さん：太郎君」の順で答えなければなりません。

答、　4：6　

考え方3、太郎君はえんぴつを6本、花子さんは同じえんぴつを4本持っています。それぞれ、2本ずつリボンでくくって、束にしました。

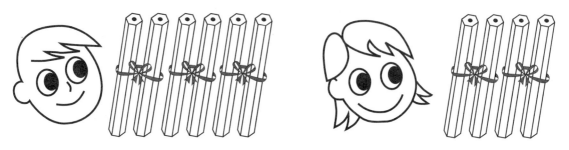

太郎君と花子さんのえんぴつの束の数の比は何：何ですか。

　太郎君は3束、花子さんは2束ですので、3：2　となります。

答、　3：2　

考え方4、太郎君はえんぴつを6本、花子さんは同じえんぴつを4本持っています。2人はそれらのえんぴつを切って、ちょうど半分の長さにしました。

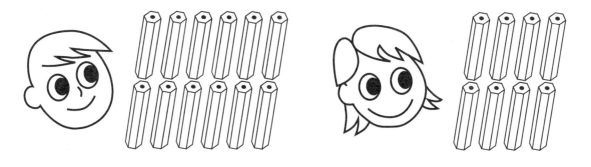

太郎君と花子さんの、半分の長さのえんぴつの本数の比は何：何ですか。

　太郎君は12本、花子さんは8本ですので、12：8　となります。

答、　12：8　

比の考え方

　考え方1、3、4で考えたように、同じえんぴつの量の比較(ひかく)でも、見方によって「6：4」であったり、「3：2」であったり、「12：8」であったりします。

　「比」の考え方においては、「6：4」も「3：2」も「12：8」、同じ量の関係を表しています。

　これは分数の$\frac{6}{4}$と$\frac{3}{2}$と$\frac{12}{8}$とが等しいことと似ています。

例題2、次の比の中で、等しいものを選び、記号で答えなさい。

　　ア、2：3　　　イ、6：8　　　ウ、15：6　　　エ、3：1
　　オ、9：3　　　カ、6：9　　　キ、8：6　　　ク、25：35
　　ケ、12：9　　コ、5：2　　　サ、10：14　　シ、3：4

　先の問題で、太郎君は6本、花子さんは4本のえんぴつを持っていました。これは「6：4」の比だと言えました。

　また、それぞれ2本ずつをリボンで結んで束にすると、「3：2」になりました。これは「6：4」の「6」と「4」をそれぞれ2でわった数です。

　さらに、えんぴつをちょうど半分に切ると「12：8」の比になりました。これは「6：4」の「6」と「4」をそれぞれ2倍にしたものです。

　以上のことから、左の項を2倍すると右の項も2倍すれば、数字は違うけれども同じ比を表すことができます。同じく左の項を2でわれば、右の項も2でわると、同じ比になります。

比の考え方

比は、左の項を□倍したとき、右の項も□倍すると、同じ比を表せます。

同じく、比は、左の項を□でわったとき、右の項も□でわると、同じ比を表せます。

(ただし、□は0ではないこと)

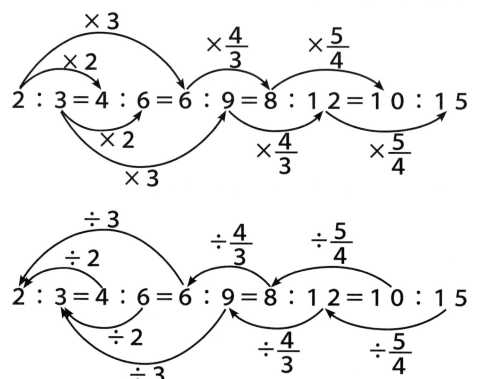

例題2も、左の項と右の項と共通でわりきれる整数があるものはわって、一番簡単な整数の比になおすと、かんたんにわかります。

約分するときに分母と分子を同じ整数でわるように、左の項と右の項と、同じ整数でわります。これ以上割り切れないまでわって、最も簡単な整数にしましょう。

ア、2：3　　これ以上われる整数はありませんね。
イ、6：8　　両項とも2でわれますね。→ 6：8＝3：4
ウ、15：6　　両項とも3でわれますね。→ 15：6＝5：2
エ、3：1　　これ以上われる整数はありません。
オ、9：3　　両項とも3でわれます。→9：3＝3：1

比の考え方

　　カ、6:9　　　　　両項とも3でわれます。→6:9=2:3
　　キ、8:6　　　　　両項とも2でわれます。→8:6=4:3
　　ク、25:35　　　　両項とも5でわれます。→25:35=5:7
　　ケ、12:9　　　　 両項とも3でわれます。→12:9=4:3
　　コ、5:2　　　　　これ以上われる整数はありません。
　　サ、10:14　　　　両項とも2でわれます。→10:14=5:7
　　シ、3:4　　　　　これ以上われる整数はありません。

最も簡単な整数の比になおしたものを並べてみると
　　ア、2:3　　イ、3:4　　ウ、5:2　　エ、3:1
　　オ、3:1　　カ、2:3　　キ、4:3　　ク、5:7
　　ケ、4:3　　コ、5:2　　サ、5:7　　シ、3:4

よって、同じものは、
　　アとカ　　イとシ　　ウとコ　　エとオ　　キとケ　　クとサ
となります。

イ・シとキ・ケを同じだと間違わないように注意して下さい。
(「3:4」と「4:3」は、違う比です！)

　　　　答、アとカ　　イとシ　　ウとコ　　エとオ　　キとケ　　クとサ

例題3、次の比を、最も簡単な整数の比になおしなさい。

　①、7:14　　　　=　　____:____
　②、24:18　　　 =　　____:____
　③、108:120　　 =　　____:____
　④、0.2:0.3　　 =　　____:____
　⑤、12.5:13　　 =　　____:____
　⑥、0.375:1　　 =　　____:____

比の考え方

①、両項を7でわることができます。
　　(7÷7):(14÷7)=1:2　　　　　　答、__1__ : __2__

②、両項を6でわることができます。
　　(24÷6):(18÷6)=4:3　　　　　　答、__4__ : __3__

③、両項を12でわることができます。
　　(108÷12):(120÷12)=9:10

　　　　　　　　　　　　　　　　　　答、__9__ : __10__

　（最大公約数の考え方を知っている人は、12という数字が分かるでしょう。
　最大公約数を知らない人は、108と120ともに割り切れる整数を考えて、
　何度かわり算をしてもかまいません。
　　(108÷2):(120÷2)=54:60
　→(54÷3):(60÷3)=18:20
　→(18÷2):(20÷2)=9:10　　　　　　）

④、小数ですが、こういう比もつくることができます。
　　両項を10倍すると整数になります。
　　(0.2×10):(0.3×10)=2:3　　　　答、__2__ : __3__

⑤、小数をなくすために、まず両項を10倍してみましょう。
　　(12.5×10):(13×10)=125:130
　　両項を5でわることができます。
　　(125÷5):(130÷5)=25:26　　　　答、__25__ : __26__

⑥、まず1000倍して小数をなくしましょう。
　　(0.375×1000):(1×1000)=375:1000
　　両項を125でわることができます。
　　(375÷125):(1000÷125)=3:8

　　　　　　　　　　　　　　　　　　答、__3__ : __8__

比の考え方

例題４、次の比を、最も簡単な整数の比になおしなさい。

①、 $\frac{3}{4} : \frac{5}{6}$ = ____ : ____

②、 $\frac{3}{7} : \frac{5}{8}$ = ____ : ____

①－１　両項の分母をかけると、それぞれ約分されて分母が１になり、整数になります。

$$(\frac{3}{4} \times 4) : (\frac{5}{6} \times 4) = 3 : \frac{10}{3}$$

$$(3 \times 3) : (\frac{10}{3} \times 3) = 9 : 10$$

①－２　最小公倍数の考え方を知っていれば、分母の最小公倍数をかければ、一気に整数になります。

$$(\frac{3}{4} \times 12) : (\frac{5}{6} \times 12) = 9 : 10$$

①－３　また、次の方法でも、一気に整数の比にすることができます。

$$\frac{3}{4} \times\!\!\!\!\times \frac{5}{6} = (3 \times 6) : (5 \times 4) = 18 : 20$$

反対の項の分母を分子にかける　俗に「たすきがけ」という

$$(18 \div 2) : (20 \div 2) = 9 : 10$$

①－４　さらにもっと早く解ける方法は、まず分数の時の分母同士、あるいは分子同士が同じ整数でわれたら、先にわっておきます。

$$\frac{3}{4} : \frac{5}{6} = \frac{3}{4 \div 2} : \frac{5}{6 \div 2} = \frac{3}{2} : \frac{5}{3}$$

次に、たすきがけをします。

$$\frac{3}{2} \times\!\!\!\!\times \frac{5}{3} = (3 \times 3) : (5 \times 2) = 9 : 10$$

答、__9__ : __10__

この①－４の方法が一番速いので、この方法をマスターするようにして下さい。

比の考え方　比例式

問題1、次の比の中で、等しいものを選び、記号で答えなさい。

　　ア、3：4　　　イ、13：6　　　ウ、2：10　　　エ、3：2
　　オ、3：15　　 カ、8：6　　　 キ、6：4　　　 ク、9：12
　　ケ、2：3　　　コ、34：51　　サ、91：42　　シ、5：1

　　答、____と____　　____と____　　____と____
　　　　____と____　　____と____

問題2、次の比を、最も簡単な整数の比になおしなさい。

①、　30：42　　　　　＝　　____：____
②、　84：63　　　　　＝　　____：____
③、　198：132　　　＝　　____：____
④、　0.5：0.8　　　　＝　　____：____
⑤、　0.6：0.4　　　　＝　　____：____
⑥、　7.7：9.9　　　　＝　　____：____
⑦、　0.625：1.125　＝　　____：____
⑧、　91：117　　　　＝　　____：____
⑨、　$\frac{7}{3}:\frac{2}{5}$　　　　　　＝　　____：____
⑩、　$\frac{5}{6}:\frac{3}{4}$　　　　　　＝　　____：____
⑪、　$\frac{8}{7}:\frac{4}{9}$　　　　　　＝　　____：____

（注：比は、特に指示がない限り、最も簡単な整数の比で表します。）

◆　　　◆　　　◆　　　◆　　　◆

比例式

　もう少し、比の性質について考えてみましょう。
　簡単な比　1：2　を見てみましょう。両項を3倍すると　3：6　となります。つまり　1：2＝3：6　だということです。

　この時、右の項と左の項の関係、式の右辺と左辺の関係には、規則があります。それを見てゆきましょう。

比例式

左辺1：2について。右の項は左の項の2倍になっています。その時、右辺についても、右の項は左の項の2倍になっています。

$$1:2=3:6 \quad \cdots \text{法則A}$$

（2倍、2倍）

また、左辺の左の項1と右辺の左の項3は3倍の関係になっています。その時、左辺の右の項2と右辺の右の項6も、3倍の関係になっています。

$$1:2=3:6 \quad \cdots \text{法則B}$$

（3倍、3倍）

このように比を「＝」でむすんで式にしたものを「**比例式**」といいます。
どんな数字の比のときも、比例式が正しければ必ず上記の法則はなりたちます。

例題5、次の□にあてはまる数字を答えなさい。

① 1：2＝4：□　　　　　　　　　　答、□＝＿＿＿＿＿
② 2：3＝□：12　　　　　　　　　 答、□＝＿＿＿＿＿
③ 10：5＝2：□　　　　　　　　　 答、□＝＿＿＿＿＿
④ 21：14＝□：2　　　　　　　　　答、□＝＿＿＿＿＿

① 1：2＝4：□　　アが2倍なので、イも2倍です。
　　4×2＝8　　　　　　　　　　　　答、□＝　8

② 2：3＝□：12　　エが4倍なので、ウも4倍です。
　　2×4＝8　　　　　　　　　　　　答、□＝　8

比例式

③、 10：5＝2：□   オが$\frac{1}{2}$倍なので、カも$\frac{1}{2}$倍です。

$2 \times \frac{1}{2} = 1$ （2÷2＝1）   答、□＝ 1

④、 21：14＝□：2   クが$\frac{1}{7}$倍なので、キも$\frac{1}{7}$倍です。

$21 \times \frac{1}{7} = 3$ （21÷7＝3）   答、□＝ 3

例題6、次の□にあてはまる数字を答えなさい。

3：1.6＝□：7   答、□＝_____

3と1.6は何倍の関係になっているでしょうか。分数をあつかいなれている人は、3は1.6の$\frac{3}{1.6}$倍だから、$7 \times \frac{3}{1.6} = \frac{21}{1.6} = \frac{105}{8}$ あるいは13.125 と求めてもかまいません。

しかし、比のまた別の性質をつかうと、もう少し簡単に求めることができます。

比は、内項の積（比例式の内側の2つの数字のかけ算の答）と外項の積（比例式の外側の2つの数字のかけ算の答）は常に等しい、という性質があります。

$2 \times 3 = 6$

1：2＝3：6   … 法則C

$1 \times 6 = 6$

これを法則Cとしておきましょう。

例題6はこの法則Cを使うと、解きやすいでしょう。

内項の積は1.6×□、外項の積は3×7。これらが等しいので、次のような式を新たに作ることができます。

1.6×□＝3×7
1.6×□＝21

比例式

$$\square = 21 \div 1.6$$

$$\square = \frac{21}{1.6} = \frac{105}{8} \quad \text{あるいは} \quad 13.125$$

答、$\square = \dfrac{105}{8}$ （$13\dfrac{1}{8}$） あるいは 13.125

問題3、「法則A」「法則B」を使って、次の□にあてはまる数字を答えなさい。

① 7：21＝8：□ 　　　　答、□＝_____

② 18：15＝□：5 　　　　答、□＝_____

問題4、「法則C」を使って、次の□にあてはまる数字を答えなさい。

① 2：3＝3：□ 　　　　答、□＝_____

② 3：4＝□：5 　　　　答、□＝_____

③ 2.1：6.2＝2：□ 　　　答、□＝_____

④ 3：4＝□：5.5 　　　答、□＝_____

⑤ 4.2：5＝□：3.8 　　答、□＝_____

⑥ 5.3：3.1＝1.4：□ 　答、□＝_____

例題7、次の□にあてはまる数字を答えなさい。

$\dfrac{3}{2} : \dfrac{5}{6} = \square : 7$ 　　　　答、□＝_____

法則Cを用いると、下のような式ができます。

$$\frac{5}{6} \times \square = \frac{3}{2} \times 7$$

$$\frac{5}{6} \times \square = \frac{21}{2}$$

$$\square = \frac{21}{2} \div \frac{5}{6}$$

$$= \frac{21}{2} \times \frac{6}{5}$$

$$= \frac{63}{5}$$

比例式

　また、分母同士、分子同士で共通に割り切れる整数がある場合は、先に割ってから法則Cを用いて計算してもよろしい。

$$\frac{3}{\cancel{2}}:\frac{5}{\cancel{6}}=□:7$$

$$\frac{3}{1}:\frac{5}{3}=□:7$$

$$\frac{5}{3}×□=\frac{3}{1}×7$$

$$\frac{5}{3}×□=21$$

$$□=21÷\frac{5}{3}$$

$$=21×\frac{3}{5}$$

$$=\frac{63}{5}$$

答、$□=\dfrac{63}{5}$

問題5、次の□にあてはまる数字を答えなさい。

①　$3:6=\dfrac{3}{2}:□$　　　答、□＝_____

②　$7:3=□:1$　　　答、□＝_____

③　$\dfrac{3}{2}:\dfrac{5}{2}=□:7$　　　答、□＝_____

④　$\dfrac{4}{3}:5=\dfrac{2}{3}:□$　　　答、□＝_____

⑤　$4:3=□:\dfrac{1}{2}$　　　答、□＝_____

⑥　$\dfrac{2}{5}:\dfrac{4}{3}=\dfrac{1}{4}:□$　　　答、□＝_____

⑦　$\dfrac{1}{6}:\dfrac{5}{3}=□:\dfrac{3}{2}$　　　答、□＝_____

⑧　$6:\dfrac{7}{5}=□:\dfrac{2}{3}$　　　答、□＝_____

⑨　$\dfrac{3}{5}:\dfrac{7}{4}=\dfrac{4}{3}:□$　　　答、□＝_____

テスト１（比例式）

テスト１－１、次の比を、最も簡単な整数の比になおしなさい。
（各１０点）

① 、 ９１：１３３ ＝ ____：____

② 、 ０．０４：１ ＝ ____：____

③ 、 １．７５：１．５ ＝ ____：____

④ 、 $\frac{7}{3}:\frac{7}{5}$ ＝ ____：____

⑤ 、 $\frac{9}{8}:\frac{3}{4}$ ＝ ____：____

テスト１－２、次の□にあてはまる数字を答えなさい。（各１０点）

① 、 ３：８＝□：７ 　　　答、□＝____

② 、 ０．５：□＝２．１：６ 　　　答、□＝____

③ 、 ０．３：０．７＝$\frac{2}{3}$：□ 　　　答、□＝____

④ 、 □：$\frac{1}{5}$＝４：０．１３ 　　　答、□＝____

⑤ 、 $\frac{7}{3}$：□＝$\frac{2}{5}$：$\frac{6}{7}$ 　　　答、□＝____

比の値

比において、「左項÷右項」の答（商）を「**比の値**」といいます。「比の値」とは、左項の右項に対する割合を表しています。

$$比の値＝左項÷右項$$

みなさんは分数をすでに習っていますから、次の式でも表せます。

$$比の値＝\frac{左項}{右項}$$

例題8、次の比の、比の値をそれぞれ求めなさい。

①、 1：2

　　左項÷右項　→　$1÷2＝0.5$

あるいは

　　$\frac{左項}{右項}$　→　$\frac{1}{2}$

　　　　　　　　　　　　　　答、0.5　あるいは $\frac{1}{2}$

②、 $2.5：\frac{5}{3}$

　　左項÷右項　→　$2.5÷\frac{5}{3}＝2.5×\frac{3}{5}$
　　　　　　　　　　　　　　$＝0.5×3$
　　　　　　　　　　　　　　$＝1.5$

　　　　　　　　　　　　　　答、1.5　（あるいは $\frac{3}{2}$）

比の値

問題6、次の比の、比の値をそれぞれ求めなさい。

①、 3：6   答、_____

②、 8：2   答、_____

③、 5：6   答、_____

④、 0.2：0.6   答、_____

⑤、 1.8：0.9   答、_____

⑥、 4：5.5   答、_____

⑦、 $\frac{1}{2}$：3   答、_____

⑧、 1.8：$\frac{2}{3}$ 答、_____

⑨、 $\frac{3}{5}$：$\frac{1}{2}$ 答、_____

⑩、 $\frac{4}{7}$：$\frac{6}{14}$ 答、_____

例題9、次の比の、比の値が「2」であるとき、□を求めなさい。

$\frac{4}{7}$：□　　比の値＝2

比の値＝左項÷右項　なので、

$\frac{4}{7} \div □ = 2$　　$□ = \frac{4}{7} \div 2$

$= \frac{\cancel{4}^2}{7} \times \frac{1}{\cancel{2}_1}$

$= \frac{2}{7}$

答、$\frac{2}{7}$

比の値

問題7、次の比について、それぞれ□を求めなさい。

①、 4：□　　比の値＝3　　　　答、_____

②、 □：6　　比の値＝$\frac{1}{2}$　　　答、_____

③、 5：□　　比の値＝0.4　　　答、_____

④、 □：0.6　比の値＝1.3　　　答、_____

⑤、 1.4：□　比の値＝$\frac{7}{5}$　　　答、_____

⑥、 □：$\frac{3}{4}$　　比の値＝4　　　　答、_____

⑦、 $\frac{15}{2}$：□　比の値＝1.5　　　答、_____

⑧、 □：$\frac{3}{5}$　　比の値＝0.7　　　答、_____

⑨、 $\frac{5}{6}$：□　　比の値＝$\frac{4}{3}$　　　答、_____

⑩、 □：$\frac{7}{4}$　　比の値＝$\frac{5}{9}$　　　答、_____

考えてみよう

それぞれ、次の比の値を求めましょう。

　　　①、2：3　　　②、10：15　　　③、6：9

① 　$2 \div 3 = \frac{2}{3}$　　　　いずれも$\frac{2}{3}$になりますね。

② 　$10 \div 15 = \frac{\cancel{10}}{\cancel{15}} = \frac{2}{3}$　　比の値が等しいということは、
　　　　　　　　　　　　　　　それぞれ同じ比を表しているということです。

③ 　$6 \div 9 = \frac{\cancel{6}}{\cancel{9}} = \frac{2}{3}$

$2 : 3 = 10 : 15 = 6 : 9$

比が等しいかどうか判断するには、それぞれ一番かんたんな整数の比になおす方法もありますが、このように「比の値」を比べることでも判断出来ます。

テスト2（比の値）

テスト2-1、次の比の、比の値をそれぞれ求めなさい。

(各10点)

① 10：8　　　　　　　　答、_____

② 0.7：14　　　　　　　答、_____

③ 2.4：1.6　　　　　　　答、_____

④ $\frac{5}{2}$：8.2　　　　　　　答、_____

⑤ $\frac{5}{6}$：$\frac{4}{3}$　　　　　　　答、_____

テスト2-2、次の比について、それぞれ□を求めなさい。（各10点）

① □：8　　比の値＝$\frac{3}{2}$　　　　答、_____

② 6：□　　比の値＝2.4　　　　答、_____

③ 3.9：□　比の値＝$\frac{3}{7}$　　　　答、_____

④ □：$\frac{3}{2}$　比の値＝0.5　　　　答、_____

⑤ □：$\frac{7}{8}$　比の値＝$\frac{4}{9}$　　　　答、_____

連比

考え方5、同じえんぴつを、太郎君は6本、次郎君は4本、三郎君は8本持っています。

太郎君と次郎君と三郎君のえんぴつの本数の比は 6：4：8 と表します。
6：4：8は「**ろくたいよんたいはち**」と読みます。

このように、比は、3つ以上の数を表すこともできます。3つ以上の数を比で表したものを、「**連比**」といいます。

「連比」も今までの2つの項の比と同じように、全ての項に同じ数をかけても、全ての項を同じ数で割っても、比は変わりません。

6：4：8＝（6×3）：（4×3）：（8×3）＝18：12：24
6：4：8＝（6÷2）：（4÷2）：（8÷2）＝3：2：4
6：4：8 ＝ 18：12：24 ＝ 3：2：4

（注：2つの数字の比と同様、連比も、特に指示がない限り、
最も簡単な整数の比で表します。）

問題8、次の比を、それぞれ最も簡単な比になおしなさい。

①、4：6：8　　　　　　　　　答、___：___：___

②、30：18：24　　　　　　　答、___：___：___

③、0.5：0.8：0.3　　　　　　答、___：___：___

④、0.4：0.8：0.2　　　　　　答、___：___：___

⑤、2.4：0.6：4　　　　　　　答、___：___：___

⑥、$\frac{2}{3}$：6：8　　　　　　　　答、___：___：___

連比

⑦、$\dfrac{3}{2} : \dfrac{5}{4} : \dfrac{7}{6}$　　　　　　答、_____ : _____ : _____

⑧、$\dfrac{5}{4} : 1.5 : 10$　　　　　　答、_____ : _____ : _____

例題１０、 同じ鉛筆を３人が持っています。それぞれ本数の比は、太郎君と次郎君は３：２、次郎君と三郎君は４：３でした。太郎君、次郎君、三郎君の持っている鉛筆の本数の比は何：何：何ですか。

次のように考えます。
```
   太：次：三
   3：2           と表します。
      4：3
```
次郎は、太郎との比では２、三郎との比では４です。この比の数を同じにすると、３人の比を連比で表せます。

この場合、「太：次」の次郎の比「２」を、「次：三」の次郎の比「４」に合わせると、同じ比に表すことができます。

比は、全ての項に同じ数字をかけても、比は変わりませんでしたね。「太：次」の次郎の比「２」を２倍して「４」にしましょう。そのために、太郎の比「３」も２倍する必要があります。

　　　　　太：次＝（３×２）：（２×２）＝６：４

```
太：次：三
6：4
   4：3           これで次郎の比がそろいました。
―――――――
6：4：3
```

　　　　　　　　　答、太：次：三＝６：４：３

このように２つ以上の比を１つの比にすることを**比の合成**といいます。

連比

例題１１、 同じ鉛筆を３人が持っています。それぞれ本数の比は、ゆりこさんとももこさんは２：３、ももこさんとさくらさんは２：５でした。ゆりこさん、ももこさん、さくらさんの持っている鉛筆の本数の比は何：何：何ですか。

次のように考えます。

```
ゆ：も：さ
2：3
    2：5
```
と表します。

ももこは、ゆりことの比では３、さくらとの比では２です。この比の数を同じにすると、３人の比を連比で表せます。

例題１０の場合、次郎の比の「２」を「４」に合わせるには、「２」を２倍するだけでよかったのですが、この問題の場合「３」を何倍しても「２」にはなりませんし、「２」何倍しても「３」にはなりません。

この場合、「３」を倍してできる数と、「２」を倍してできる数との共通のもの（公倍数）の中で一番小さいもの（最小公倍数）である「６」を、ももこの比とすると、２つの比を合成して連比にすることができます。

```
                ↓「3」を2倍
３の倍数： 3    6    9   …
２の倍数： 2  4  6  8  10 …
                ↑「2」を3倍
```

「ゆ：も」＝「２：３」の両項をそれぞれ２倍して「４：６」にします。また、「も：さ」の「２：５」の両項をそれぞれ３倍して「６：１５」にします。そうすると、どちらの比も、ももこは「６」になりますから、比を合成して連比になります。

```
ゆ：も：さ
4：6
    6：15      これでももこの比がそろいました。
―――――――
4：6：15
```

<u>答、ゆ：も：さ＝４：６：１５</u>

連比

問題9、A：B、B：Cの比が分かっているとき、A：B：Cの連比を求めなさい。

①、A：B＝2：1、B：C＝2：3

答、A：B：C＝　　：　　：

②、A：B＝1：3、B：C＝1：2

答、A：B：C＝　　：　　：

③、A：B＝3：4、B：C＝2：3

答、A：B：C＝　　：　　：

④、A：B＝2：9、B：C＝3：1

答、A：B：C＝　　：　　：

⑤、A：B＝5：51、B：C＝17：7

答、A：B：C＝　　：　　：

連比

⑥、A:B=2:3、B:C=2:3

答、A:B:C=　　:　　:

⑦、A:B=3:2、B:C=5:1

答、A:B:C=　　:　　:

⑧、A:B=5:12、B:C=9:4

答、A:B:C=　　:　　:

⑨、A:B=8:15、B:C=21:10

答、A:B:C=　　:　　:

⑩、A:B=4:65、B:C=91:11

答、A:B:C=　　:　　:

連比

例題１２、同じ鉛筆を４人が持っています。それぞれ本数の比は、太郎君と次郎君は２：３、次郎君と三郎君は６：５、三郎君と四郎君は２：１でした。太郎君、次郎君、三郎君、四郎君の持っている鉛筆の本数の比は何：何：何：何ですか。

基本的には、先の例題１１と同じ考え方で解けます。

```
太：次：三：四
 2 : 3
     6 : 5           と表します。
         2 : 1
```

まず、次郎の比を合成しましょう。

```
太：次：三：四
 2 : 3
     6 : 5
```

次郎の比は「３」と「６」なので、「６」で合成出来ますね。「太：次＝２：３」を２倍して「太：次＝４：６」とします。「太：次：三＝４：６：５」となります。

```
太：次：三：四
 4 : 6
     6 : 5
─────────────
 4 : 6 : 5
```

次に、三郎の比を合成します。

```
太：次：三：四
 4 : 6 : 5
         2 : 1
```

三郎の比は「５」と「２」なので、最小公倍数の「１０」で合成します。「太：次：三＝４：６：５」を２倍して「太：次：三＝８：１２：１０」、「三：四＝２：１」を５倍して「三：四＝１０：５」とします。すると、「太：次：三：四＝８：１２：１０：５」となります。

```
太： 次： 三：四
 8：12：10
         10 : 5
────────────────
 8：12：10 : 5
```

答、太：次：三：四＝８：１２：１０：５

連比

問題１０、A：B、B：C、C：Dの比が分かっているとき、A：B：C：Dの連比を求めなさい。

①、A：B＝１：２、B：C＝３：２、C：D＝４：１

答、A：B：C：D＝　：　：

②、A：B＝２：１、B：C＝３：２、C：D＝３：２

答、A：B：C：D＝　：　：

③、A：B＝３：４、B：C＝３：２、C：D＝５：２

答、A：B：C：D＝　：　：

④、A：B＝１：５、B：C＝２：５、C：D＝３：５

答、A：B：C：D＝　：　：

⑤、A：B＝４：７、B：C＝２：６、C：D＝４：３

答、A：B：C：D＝　：　：

連比

例題13、同じ鉛筆を4人が持っています。それぞれ本数の比は、太郎君と次郎君は2：3、太郎君と三郎君は3：5、太郎君と四郎君は4：5でした。太郎君、次郎君、三郎君、四郎君の持っている鉛筆の本数の比は何：何：何：何ですか。

まずは、整理してみましょう。

```
太：次：三：四
2 : 3
3     : 5            になります。
4         : 5
```

太郎の比「2」「3」「4」を等しくなるようにすれば、全ての比が合成出来ることが分かります。

太郎の比「2」「3」「4」の最小公倍数は「12」なので、それぞれ太郎の比が「12」になるように、それぞれの比を何倍かしてみましょう。

太：次＝2：3＝(2×6)：(3×6)＝**12：18**
太：三＝3：5＝(3×4)：(5×4)＝**12：20**
太：四＝4：5＝(4×3)：(5×3)＝**12：15**

これで太郎の比がそろいましたので、合成出来ます。

```
  太 ： 次 ： 三 ： 四
 12 ： 18
 12       ： 20
 12             ： 15
 12 ： 18 ： 20 ： 15
```

答、太：次：三：四＝12：18：20：15

連比

問題１１、A：B、A：C、A：Dの比が分かっているとき、A：B：C：Dの連比を求めなさい。

①、A：B＝１：２、A：C＝２：３、A：D＝３：２

答、A：B：C：D＝　　：　　：　　：

②、A：B＝２：１、A：C＝３：１、A：D＝４：１

答、A：B：C：D＝　　：　　：　　：

③、A：B＝４：１、A：C＝６：５、A：D＝８：３

答、A：B：C：D＝　　：　　：　　：

④、A：B＝６：５、A：C＝１５：４、A：D＝９：５

答、A：B：C：D＝　　：　　：　　：

⑤、A：B＝２０：１３、A：C＝１０：３、A：D＝１５：４

答、A：B：C：D＝　　：　　：　　：

テスト３（連比）

テスト３、それぞれ、連比を求めなさい。（各１０点）

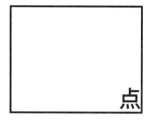

①、 A：B＝１：２、B：C＝１：２

答、A：B：C＝　　：　　：　　

②、 A：B＝３：２、A：C＝２：３

答、A：B：C＝　　：　　：　　

③、 A：C＝３：８、B：C＝１：６

答、A：B：C＝　　：　　：　　

④、 A：B＝３：４、B：C＝６：５、C：D＝１０：３

答、A：B：C：D＝　　：　　：　　：　　

⑤、 A：B＝４：３、A：C＝８：３、C：D＝９：５

答、A：B：C：D＝　　：　　：　　：

テスト3 （連比）

⑥、A：B＝12：5、A：C＝4：3、A：D＝6：7

答、A：B：C：D＝　　：　　：　　：

⑦、A：B＝3：2、B：C＝3：2、B：D＝6：5

答、A：B：C：D＝　　：　　：　　：

⑧、A：B＝3：1、B：C＝4：3、C：D＝6：1、D：E＝9：5

答、A：B：C：D：E＝　　：　　：　　：　　：

⑨、A：B＝2：5、A：C＝3：5、B：D＝5：7、C：E＝10：3

答、A：B：C：D：E＝　　：　　：　　：　　：

⑩、A：D＝8：5、B：C＝4：7、A：C＝6：1、B：E＝2：3

答、A：B：C：D：E＝　　：　　：　　：　　：

比例配分

例題14、10本の鉛筆を、太郎君と花子さんで2：3に分けました。2人はそれぞれ何本ずつもらいましたか。

線分図にすると、次のようになります。

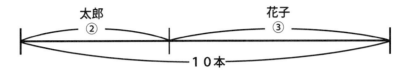

全体の10本は、〇で表すと⑤（②+③）となります。
10本=⑤ですから、①は　10本÷⑤=2本　です。

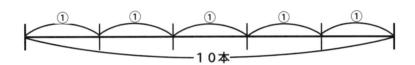

太郎は②ですから、2本×②=4本、
花子は③ですから、2本×③=6本、となります。

別解（割合の考え方を知っている人）

太郎は全体⑤のうちの②ですから、全体の$\frac{2}{5}$です。

また、花子は全体⑤のうちの③ですから、全体の$\frac{3}{5}$です。

全体の本数は10本ですので、太郎は　10本×$\frac{2}{5}$=4本

花子は　10本×$\frac{3}{5}$=6本　です。

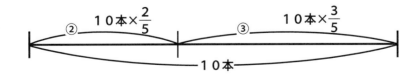

比例配分

問題１２、それぞれ、次の問いに答えなさい。

①、１４本の鉛筆を、太郎君と花子さんで２：５に分けました。２人はそれぞれ何本ずつもらいましたか。

答、太郎　　　本、花子　　　本

②、２０本の鉛筆を、太郎君と花子さんで３：７に分けました。２人はそれぞれ何本ずつもらいましたか。

答、太郎　　　本、花子　　　本

③、４０本の鉛筆を、太郎君と花子さんで５：３に分けました。２人はそれぞれ何本ずつもらいましたか。

答、太郎　　　本、花子　　　本

④、５２本の鉛筆を、太郎君と花子さんで８：５に分けました。２人はそれぞれ何本ずつもらいましたか。

答、太郎　　　本、花子　　　本

比例配分

例題１５、２７個のおはじきを、ゆりこさんとももこさんとさくらさんで２：３：４に分けました。３人はそれぞれ何個ずつもらいましたか。

線分図にすると、次のようになります。

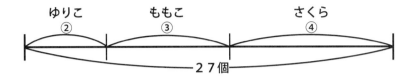

全体の２７個は、○で表すと⑨（②＋③＋④）となります。

２７個＝⑨ですから、①は　２７個÷⑨＝３個　です。

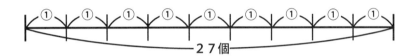

ゆりこは②ですから、　３個×②＝６個、
ももこは③ですから、　３個×③＝９個、
さくらは④ですから、　３個×④＝１２個、となります。

別解（割合の考え方を知っている人）

ゆりこは全体⑨のうちの②ですから、全体の$\frac{2}{9}$です。

同様に、ももこは全体の$\frac{3}{9}$、さくらは全体の$\frac{4}{9}$です。

全体の個数は２７個ですので、ゆりこは　２７個×$\frac{2}{9}$＝６個、

ももこは　２７個×$\frac{3}{9}$＝９個、さくらは　２７個×$\frac{4}{9}$＝１２個　です。

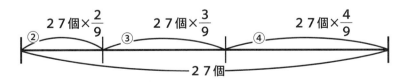

比例配分

問題１３、それぞれ、次の問いに答えなさい。

①、２０個のおはじきを、ゆりこさんとももこさんとさくらさんで５：２：３に分けました。３人はそれぞれ何個ずつもらいましたか。

答、ゆりこ　　　個、ももこ　　　個、さくら　　　個

②、６０個のおはじきを、ゆりこさんとももこさんとさくらさんで１：６：５に分けました。３人はそれぞれ何個ずつもらいましたか。

答、ゆりこ　　　個、ももこ　　　個、さくら　　　個

③、５６個のおはじきを、ゆりこさんとももこさんとさくらさんで３：７：４に分けました。３人はそれぞれ何個ずつもらいましたか。

答、ゆりこ　　　個、ももこ　　　個、さくら　　　個

④、９０個のおはじきを、ゆりこさんとももこさんとさくらさんで２：５：８に分けました。３人はそれぞれ何個ずつもらいましたか。

答、ゆりこ　　　個、ももこ　　　個、さくら　　　個

テスト4（比例配分）

テスト4、それぞれ、次の問いに答えなさい。（各10点）

①、35本のえんぴつを、太郎君と次郎君で4：3に分けました。2人はそれぞれ何本ずつもらいましたか。

答、太郎　　　本、次郎　　　本

②、81本のえんぴつを、太郎君と次郎君で7：2に分けました。2人はそれぞれ何本ずつもらいましたか。

答、太郎　　　本、次郎　　　本

③、91本のえんぴつを、太郎君と次郎君で4：9に分けました。2人はそれぞれ何本ずつもらいましたか。

答、太郎　　　本、次郎　　　本

④、80個のおはじきを、ゆりこさんとももこさんとさくらさんで2：5：3に分けました。3人はそれぞれ何個ずつもらいましたか。

答、ゆりこ　　　個、ももこ　　　本、さくら　　　個

テスト4 (比例配分)

⑤、84個のおはじきを、ゆりこさんとももこさんとさくらさんで7:3:4に分けました。3人はそれぞれ何個ずつもらいましたか。

答、ゆりこ____個、ももこ____個、さくら____個

⑥、64個のおはじきを、ゆりこさんとももこさんとさくらさんで7:4:5に分けました。3人はそれぞれ何個ずつもらいましたか。

答、ゆりこ____個、ももこ____個、さくら____個

⑦、100枚のカードを、一郎君と二郎君と三郎君と四郎君の4人で1:2:3:4に分けました。4人はそれぞれ何枚ずつもらいましたか。

答、一郎____枚、二郎____枚、三郎____枚、四郎____枚

⑧、90枚のカードを、一郎君と二郎君と三郎君と四郎君の4人で2:5:4:7に分けました。4人はそれぞれ何枚ずつもらいましたか。

答、一郎____枚、二郎____枚、三郎____枚、四郎____枚

テスト4（比例配分）

⑨、２３４個のキャンディーを、山田君と佐藤さんとは２：５、佐藤さんと田中君とは３：２、田中君と鈴木さんとは５：４になるように分けました。４人はそれぞれ何個ずつもらいましたか。

答、山田＿＿＿＿個、佐藤＿＿＿＿個、田中＿＿＿＿個、鈴木＿＿＿＿個

⑩、４５８個のビー玉を、谷君と峰さんとは９：８、谷君と岡君とは６：１１、峰さんと原さんとは１２：７になるように分けました。４人はそれぞれ何個ずつもらいましたか。

答、谷＿＿＿＿個、峰＿＿＿＿個、岡＿＿＿＿個、原＿＿＿＿個

解 答

P10

問題1

　　　ア と ク　　　イ と サ　　　ウ と オ
　　　エ と キ　　　ケ と コ

それぞれ比を簡単にすると

　ア、**3：4**　　　イ、**13：6**　　ウ、2：10＝**1：5**　　エ、**3：2**
　オ、3：15＝**1：5**　カ、8：6＝**4：3**　　キ、6：4＝**3：2**　　ク、9：12＝**3：4**
　ケ、**2：3**　　コ、34：51＝**2：3**　　サ、91：42＝**13：6**　シ、**5：1**

ウあるいはオ **1：5** と、シ **5：1** は、同じ比ではありません。

51＝3×17、91＝7×13 です。51も91も割り切れる整数がない数（素数）であると間違いやすいので注意。

問題2

① 　30÷6 ： 42÷6 ＝ 5：7　　　　　　　　　　　　**5 ： 7**
② 　84÷21 ： 63÷21 ＝ 4：3　　　　　　　　　　**4 ： 3**
③ 　198÷66 ： 132÷66 ＝ 3：2　　　　　　　　　**3 ： 2**
④ 　0.5×10 ： 0.8×10 ＝ 5：8　　　　　　　　　　**5 ： 8**
⑤ 　0.6×5 ： 0.4×5 ＝ 3：2　　　　　　　　　　　**3 ： 2**
⑥ 　7.7÷1.1 ： 9.9÷1.1 ＝ 7：9　　　　　　　　　**7 ： 9**
⑦ 　0.625×8 ： 1.125×8 ＝ 5：9　　　　　　　　**5 ： 9**
⑧ 　91÷13 ： 117÷13 ＝ 7：9　　　　　　　　　**7 ： 9**
⑨ 　$\frac{7}{3}:\frac{2}{5}$ ＝ 7×5 ： 2×3 ＝ 35：6　　　　**35 ： 6**
⑩ 　$\frac{5}{\cancel{6}_3}:\frac{3}{\cancel{4}_2}$ ＝ 5×2 ： 3×3 ＝ 10：9　　**10 ： 9**
⑪ 　$\frac{\cancel{8}^2}{7}:\frac{\cancel{4}^1}{9}$ ＝ 2×9：1×7 ＝ 18：7　　**18 ： 7**

P13

問題3

① 　　$\overset{×3}{\frown}$
　　7：21＝8：□
　　21÷7＝3　　8×3＝24　　　　　　　　　　　　□＝**24**

② 　　$\overset{×\frac{1}{3}}{\frown}$
　　18：15＝□：5
　　5÷15＝$\frac{1}{3}$　　18×$\frac{1}{3}$＝6　　　　　　　　　　□＝**6**

解 答

P13
問題4

① $3 \times 3 = 2 \times \square$
$\quad\quad 9 = 2 \times \square$
$\quad\quad \square = 9 \div 2$
$\quad\quad\quad = \dfrac{9}{2}$

$\square = \dfrac{9}{2} \ \left(4\dfrac{1}{2}\right)$

② $4 \times \square = 3 \times 5$
$\quad 4 \times \square = 15$
$\quad\quad \square = 15 \div 4$
$\quad\quad\quad = \dfrac{15}{4}$

$\square = \dfrac{15}{4} \ \left(3\dfrac{3}{4}\right) \ (3.75)$

③ $6.2 \times 2 = 2.1 \times \square$
$\quad 12.4 = 2.1 \times \square$
$\quad\quad \square = 12.4 \div 2.1$
$\quad\quad\quad = \dfrac{12.4}{2.1} = \dfrac{124}{21}$

$\square = \dfrac{124}{21} \ \left(5\dfrac{19}{21}\right)$

④ $4 \times \square = 3 \times 5.5$
$\quad 4 \times \square = 16.5$
$\quad\quad \square = 16.5 \div 4$
$\quad\quad\quad = \dfrac{16.5}{4} = \dfrac{33}{8}$

$\square = \dfrac{33}{8} \ \left(4\dfrac{1}{8}\right) \ (4.125)$

⑤ $5 \times \square = 4.2 \times 3.8$
$\quad 5 \times \square = 15.96$
$\quad\quad \square = 15.96 \div 5$
$\quad\quad\quad = \dfrac{15.96}{5} = \dfrac{399}{125}$

$\square = \dfrac{399}{125} \ \left(3\dfrac{24}{125}\right) \ (3.192)$

⑥ $3.1 \times 1.4 = 5.3 \times \square$
$\quad 4.34 = 5.3 \times \square$
$\quad\quad \square = 4.34 \div 5.3$
$\quad\quad\quad = \dfrac{4.34}{5.3} = \dfrac{217}{265}$

$\square = \dfrac{217}{265}$

解 答

P14

問題5

① $\overset{\times 2}{\overset{1}{\cancel{6}} : \overset{2}{\cancel{6}}} = \frac{3}{2} : \square$

6 ÷ 3 = 2 $\frac{3}{2} \times 2 = 3$ $\underline{\square = 3}$

② $3 \times \square = 7 \times 1$

$\square = 7 \div 3$

$= \frac{7}{3}$ $\underline{\square = \frac{7}{3}\ (2\frac{1}{3})}$

③ $\frac{3}{\cancel{2}_1} : \frac{5}{\cancel{2}_1} = \square : 7$

$5 \times \square = 3 \times 7$

$5 \times \square = 21$

$\square = 21 \div 5$

$= \frac{21}{5}$ $\underline{\square = \frac{21}{5}\ (4\frac{1}{5})\ (4.2)}$

④ $\frac{4}{\cancel{8}_1} : 5 = \frac{2}{\cancel{8}_1} : \square$ (左項同士あるいは右項同士で、同じ数をかけたり割ったりしてもかまいません)

$4 : 5 \underset{\div 2}{=} 2 : \square$

$\square = 5 \div 2$

$= \frac{5}{2}$ $\underline{\square = \frac{5}{2}\ (2\frac{1}{2})\ (2.5)}$

⑤ $3 \times \square = 4 \times \frac{1}{2}$

$3 \times \square = 2$

$\square = 2 \div 3$

$= \frac{2}{3}$ $\underline{\square = \frac{2}{3}}$

⑥ $\frac{2}{5} : \frac{4}{3} = \frac{1}{4} : \square$

$\frac{\cancel{4}}{3} \times \frac{1}{\cancel{4}} = \frac{2}{5} \times \square$

$\frac{1}{3} = \frac{2}{5} \times \square$

$\square = \frac{1}{3} \div \frac{2}{5} = \frac{1}{3} \times \frac{5}{2}$

$= \frac{5}{6}$ $\underline{\square = \frac{5}{6}}$

解 答

P14
問題5

⑦ $\frac{1}{\cancel{8}_2}:\frac{5}{\cancel{8}_1}=\square:\frac{3}{2}$

$5\times\square=\frac{1}{2}\times\frac{3}{2}$

$5\times\square=\frac{3}{4}$

$\square=\frac{3}{4}\div 5=\frac{3}{4}\times\frac{1}{5}$

$=\frac{3}{20}$

$\square=\frac{3}{20}$

⑧ $6:\frac{7}{5}=\square:\frac{2}{3}$

$\frac{7}{5}\times\square=\overset{2}{\cancel{6}}\times\frac{2}{\cancel{3}_1}$

$\frac{7}{5}\times\square=4$

$\square=4\div\frac{7}{5}=4\times\frac{5}{7}$

$=\frac{20}{7}$

$\square=\frac{20}{7}\left(2\frac{6}{7}\right)$

⑨ $\frac{7}{\cancel{4}}\times\frac{\cancel{4}}{3}=\frac{3}{5}\times\square$

$\frac{7}{3}=\frac{3}{5}\times\square$

$\square=\frac{7}{3}\div\frac{3}{5}=\frac{7}{3}\times\frac{5}{3}$

$=\frac{35}{9}$

$\square=\frac{35}{9}\left(3\frac{8}{9}\right)$

P15
テスト1-1 （②の別解例のように、他にも解き方はあります）

① $91\div 7 : 133\div 7 = 13:19$　　　　　**13:19**

② $0.04\times 100 : 1\times 100 = 4:100$

$4\div 4 : 100\div 4 = 1:25$

（別解例　$0.04\times 25 : 1\times 25 = 1:25$）　　**1:25**

③ $1.75\times 100 : 1.5\times 100 = 175:150$

$175\div 25 : 150\div 25 = 7:6$　　　　**7:6**

④ $\frac{1}{3}:\frac{1}{5}= 1\times 5 : 1\times 3 = 5:3$　　**5:3**

⑤ $\frac{\overset{3}{\cancel{3}}}{8}:\frac{\overset{1}{\cancel{1}}}{4}=\frac{3}{\cancel{8}_2}:\frac{1}{\cancel{4}_1}= 3\times 1 : 1\times 2 = 3:2$　　**3:2**

解 答

P15
テスト1-2

① $8 × □ = 3 × 7$

　$8 × □ = 21$

　$□ = 21 ÷ 8 = \dfrac{21}{8}$　　　　　　　　　　　$\dfrac{21}{8}$ $(2\dfrac{5}{8})$

② $□ × 2.1 = 0.5 × 6$

　$□ × 2.1 = 3$

　$□ = 3 ÷ 2.1 = \dfrac{3}{2.1} = \dfrac{\cancel{30}^{10}}{\cancel{21}_{7}}$　　　　　$\dfrac{10}{7}$ $(1\dfrac{3}{7})$

③ $\cancel{0.3}^{3} : \cancel{0.7}^{7} = \dfrac{2}{3} : □$

　$7 × \dfrac{2}{3} = 3 × □$

　$\dfrac{14}{3} = 3 × □$

　$□ = \dfrac{14}{3} ÷ 3 = \dfrac{14}{3 × 3} = \dfrac{14}{9}$　　　　　$\dfrac{14}{9}$ $(1\dfrac{5}{9})$

④ $\dfrac{1}{5} × 4 = □ × 0.13$

　$\dfrac{4}{5} = □ × 0.13$

　$□ = \dfrac{4}{5} ÷ 0.13 = \dfrac{4}{5 × 0.13} = \dfrac{4}{0.65} = \dfrac{400}{65} = \dfrac{80}{13}$　$\dfrac{80}{13}$ $(6\dfrac{2}{13})$

⑤ $\dfrac{7}{3} : □ = \dfrac{\cancel{2}^{1}}{5} : \dfrac{\cancel{3}^{3}}{7}$

　$□ × \dfrac{1}{5} = \dfrac{\cancel{7}}{\cancel{8}} × \dfrac{\cancel{3}}{\cancel{7}} = 1$

　$□ = 1 ÷ \dfrac{1}{5} = 1 × 5 = 5$　　　　　　　　　5

P17
問題6

① $3 ÷ 6 = \dfrac{3}{6}$　　　　　　　　　　　　　$\dfrac{1}{2}$ (0.5)

② $8 ÷ 2 = 4$　　　　　　　　　　　　　　4

③ $5 ÷ 6 = \dfrac{5}{6}$　　　　　　　　　　　　　$\dfrac{5}{6}$

④ $0.2 ÷ 0.6 = \dfrac{0.2}{0.6}$　　　　　　　　　　$\dfrac{1}{3}$

⑤ $1.8 ÷ 0.9 = 2$　　　　　　　　　　　　2

⑥ $4 ÷ 5.5 = \dfrac{4}{5.5} = \dfrac{40}{55}$　　　　　　　$\dfrac{8}{11}$

解 答

P17
問題6

⑦ $\frac{1}{2} \div 3 = \frac{1}{2} \times \frac{1}{3} = \frac{1}{6}$ 　　　　　　　　　$\frac{1}{6}$

⑧ $1.8 \div \frac{2}{3} = \overset{0.9}{\cancel{1.8}} \times \frac{3}{\cancel{2}_1} = 2.7$ 　　　　　$2.7 \left(\frac{27}{10}\right) \left(2\frac{7}{10}\right)$

⑨ $\frac{3}{5} \div \frac{1}{2} = \frac{3}{5} \times \frac{2}{1} = \frac{6}{5}$ 　　　　　$\frac{6}{5} \left(1\frac{1}{5}\right)$

⑩ $\frac{4}{7} \div \frac{\cancel{3}}{\cancel{14}_7} = \frac{4}{\cancel{7}} \times \frac{\cancel{7}}{3} = \frac{4}{3}$ 　　　　　$\frac{4}{3} \left(1\frac{1}{3}\right)$

P18
問題7

① $4 \div \square = 3$
　　$\square = 4 \div 3 = \frac{4}{3}$ 　　　　　　　　$\frac{4}{3}$

② $\square \div 6 = \frac{1}{2}$
　　$\square = \frac{1}{\cancel{2}_1} \times \cancel{6}^3 = 3$ 　　　　　　　3

③ $5 \div \square = 0.4$
　　$\square = 5 \div 0.4 = 12.5$ 　　　　　$12.5 \left(\frac{25}{2} = 12\frac{1}{2}\right)$

④ $\square \div 0.6 = 1.3$
　　$\square = 1.3 \times 0.6$
　　　$= 0.78$ 　　　　　　　　$0.78 \left(\frac{39}{50}\right)$

⑤ $1.4 \div \square = \frac{7}{5}$
　　$\square = 1.4 \div \frac{7}{5}$
　　　$= \overset{0.2}{\cancel{1.4}} \times \frac{5}{\cancel{7}}$
　　　$= 1$ 　　　　　　　　　1

⑥ $\square \div \frac{3}{4} = 4$
　　$\square = \cancel{4} \times \frac{3}{\cancel{4}}$
　　　$= 3$ 　　　　　　　　　3

解 答

P 1 8
問題7

⑦ $\dfrac{15}{2} \div \square = 1.5$

$\square = \dfrac{15}{2} \div 1.5 = \dfrac{\cancel{15}^{\cancel{10}\,5}}{2} \times \dfrac{1}{\cancel{1.5}_{1}} = \dfrac{\cancel{10}^{5}}{\cancel{2}_{1}} \times \dfrac{1}{1}$

5

⑧ $\square \div \dfrac{3}{5} = 0.7$

$\square = 0.7 \times \dfrac{3}{5}$

$= \dfrac{2.1}{5}$

$= 0.42$

0.42 ($\dfrac{21}{50}$)

⑨ $\dfrac{5}{6} \div \square = \dfrac{4}{3}$

$\square = \dfrac{5}{6} \div \dfrac{4}{3}$

$= \dfrac{5}{\cancel{6}_{2}} \times \dfrac{\cancel{3}^{1}}{4}$

$= \dfrac{5}{8}$

$\dfrac{5}{8}$ (0.625)

⑩ $\square \div \dfrac{7}{4} = \dfrac{5}{9}$

$\square = \dfrac{5}{9} \times \dfrac{7}{4} = \dfrac{35}{36}$

$\dfrac{35}{36}$

P 1 9
テスト 2 − 1

① $10 \div 8 = \dfrac{\cancel{10}^{5}}{\cancel{8}_{4}}$

$\dfrac{5}{4}$ ($1\dfrac{1}{4}$、1.25)

② $0.7 \div 14 = \dfrac{\cancel{0.7}^{0.1}}{\cancel{14}_{2}} = \dfrac{1}{20}$

$\dfrac{1}{20}$ (0.05)

③ $2.4 \div 1.6 = \dfrac{\cancel{2.4}^{3}}{\cancel{1.6}_{2}}$

$\dfrac{3}{2}$ ($1\dfrac{1}{2}$、1.5)

④ $\dfrac{5}{2} \div 8.2 = \dfrac{5}{2 \times 8.2} = \dfrac{5}{16.4} = \dfrac{\cancel{50}^{25}}{\cancel{164}_{82}}$

$\dfrac{25}{82}$

⑤ $\dfrac{5}{\cancel{8}_{2}} : \dfrac{4}{\cancel{8}_{1}}$

$\dfrac{5}{2} \div 4 = \dfrac{5}{2 \times 4} = \dfrac{5}{8}$

$\dfrac{5}{8}$ (0.625)

解 答

P19
テスト2-2

① $\square \div 8 = \dfrac{3}{2}$　　$\square = \dfrac{3}{2} \times 8 = 12$　　　　　　　　　　$\square = 12$

② $6 \div \square = 2.4$　　$\square = 6 \div 2.4 = \dfrac{6}{2.4} = \dfrac{5}{2}$　　　　　　$\square = \dfrac{5}{2}\ (2\dfrac{1}{2},\ 2.5)$

③ $3.9 \div \square = \dfrac{3}{7}$　　$\square = 3.9 \div \dfrac{3}{7} = 3.9 \times \dfrac{7}{3} = 9.1$　　$\square = 9.1\ (\dfrac{91}{10},\ 9\dfrac{1}{10})$

④ $\square \div \dfrac{3}{2} = 0.5$　　$\square = \dfrac{3}{2} \times 0.5 = \dfrac{1.5}{2} = \dfrac{3}{4}$

　別解　$\square \div \dfrac{3}{2} = \dfrac{1}{2}$　　$\square = \dfrac{3}{2} \times \dfrac{1}{2} = \dfrac{3}{4}$　　　　$\square = \dfrac{3}{4}\ (0.75)$

⑤ $\square \div \dfrac{7}{8} = \dfrac{4}{9}$　　$\square = \dfrac{4}{9} \times \dfrac{7}{8} = \dfrac{7}{18}$　　　　　　　　$\square = \dfrac{7}{18}$

P20
問題8

① $4 \div 2\ :\ 6 \div 2\ :\ 8 \div 2$
　$=\ 2\ :\ 3\ :\ 4$　　　　　　　　　　　　　　　　　　$2\ :\ 3\ :\ 4$

② $30 \div 6\ :\ 18 \div 6\ :\ 24 \div 6$
　$=\ 5\ :\ 3\ :\ 4$　　　　　　　　　　　　　　　　　　$5\ :\ 3\ :\ 4$

③ $0.5 \times 10\ :\ 0.8 \times 10\ :\ 0.3 \times 10$
　$=\ 5\ :\ 8\ :\ 3$　　　　　　　　　　　　　　　　　　$5\ :\ 8\ :\ 3$

④ $0.4 \times 5\ :\ 0.8 \times 5\ :\ 0.2 \times 5$
　$=\ 2\ :\ 4\ :\ 1$　　　　　　　　　　　　　　　　　　$2\ :\ 4\ :\ 1$

⑤ $2.4 \times 5\ :\ 0.6 \times 5\ :\ 4 \times 5$
　$=\ 12\ :\ 3\ :\ 20$　　　　　　　　　　　　　　　　$12\ :\ 3\ :\ 20$

⑥ $\dfrac{2}{3}\ :\ \dfrac{6}{1}\ :\ \dfrac{8}{1}$
　$= \dfrac{1}{3} \times 3\ :\ \dfrac{3}{1} \times 3\ :\ \dfrac{4}{1} \times 3$
　$=\ 1\ :\ 9\ :\ 12$　　　　　　　　　　　　　　　　　$1\ :\ 9\ :\ 12$

解 答

P21
問題8

⑦ $\dfrac{3}{2} : \dfrac{5}{4} : \dfrac{7}{6}$

　$= \dfrac{3}{1} \times 6 : \dfrac{5}{2} \times 6 : \dfrac{7}{3} \times 6$

　$= 18 : 15 : 14$　　　　　　　　　　　**18 : 15 : 14**

⑧ $= \dfrac{5}{4} \times 4 : 1.5 \times 4 : 10 \times 4$

　$= 5 : 6 : 40$　　　　　　　　　　　　**5 : 6 : 40**

P23
問題9

① A : B : C
　　2 : 1
×2↱
　　4 : **2**
　　　　2 : 3
　　4 : 2 : 3　　　　　　　　　　A : B : C = **4 : 2 : 3**

② A : B : C
　　1 : 2
　　3 : 6 ↰×3
　　1 : **3**
　　1 : 3 : 6　　　　　　　　　　A : B : C = **1 : 3 : 6**

③ A : B : C
　　2 : 3
　　4 : 6 ↰×2
　　　　3 : **4**
　　3 : 4 : 6　　　　　　　　　　A : B : C = **3 : 4 : 6**

④ A : B : C
　　3 : 1
　　9 : 3 ↰×3
　　2 : **9**
　　2 : 9 : 3　　　　　　　　　　A : B : C = **2 : 9 : 3**

解 答

P23

問題9

⑤ A : B : C
17 : 7 ×3
51 : 21
5 : **51**
─────────
5 : 51 : 21

A : B : C = 5 : 51 : 21

P24

⑥ A : B : C
2 : 3
×2 2 : 3 ×3
4 : **6**
6 : 9
─────────
4 : 6 : 9

A : B : C = 4 : 6 : 9

⑦ A : B : C
3 : 2
×5 5 : 1 ×2
15 : **10**
10 : 2
─────────
15 : 10 : 2

A : B : C = 15 : 10 : 2

⑧ A : B : C
5 : 12
×3 9 : 4 ×4
15 : **36**
36 : 16
─────────
15 : 36 : 16

A : B : C = 15 : 36 : 16

⑨ A : B : C
8 : 15
×7 21 : 10 ×5
56 : **105**
105 : 50
─────────
56 : 105 : 50

A : B : C = 56 : 105 : 50

⑩ A : B : C
4 : 65
×7 91 : 11 ×5
28 : **455**
455 : 55
─────────
28 : 455 : 55

A : B : C = 28 : 455 : 55

解 答

P26

問題10

①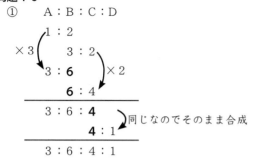

A：B：C：D＝ 3：6：4：1

②

A：B：C：D＝18：9：6：4

③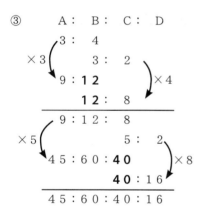

A：B：C：D＝45：60：40：16

④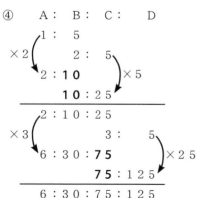

A：B：C：D＝6：30：75：125

解 答

P26
問題10

⑤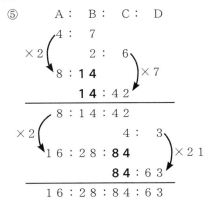

A：B：C：D＝16：28：84：63

P28
問題11

①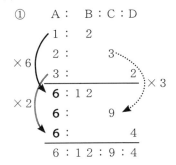

A：B：C：D＝6：12：9：4

②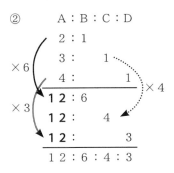

A：B：C：D＝12：6：4：3

③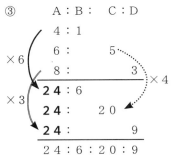

A：B：C：D＝24：6：20：9

解 答

P28
問題11

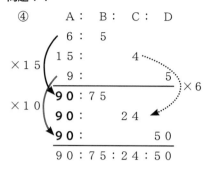

A：B：C：D＝90：75：24：50

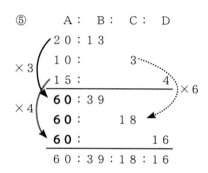

A：B：C：D＝60：39：18：16

P29
テスト3

①
```
   A : B : C
   1 : 2
       1 : 2
   1 : 2
       2 : 4
   ───────
   1 : 2 : 4
```
そのまま、×2

A：B：C＝1：2：4

②
```
   A : B : C
   3 : 2
   2 :   3
   6 : 4
   6 :   9
   ───────
   6 : 4 : 9
```
×2、×3

A：B：C＝6：4：9

③
```
   A : B : C
   3 :    8
       1 : 6
   9 : 24
       4 : 24
   ───────
   9 : 4 : 24
```
×3、×4

A：B：C＝9：4：24

解 答

P29
テスト3

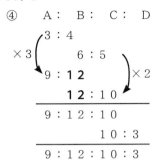

A：B：C：D＝9：12：10：3

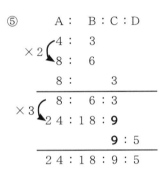

A：B：C：D＝24：18：9：5

P30

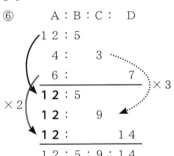

A：B：C：D＝12：5：9：14

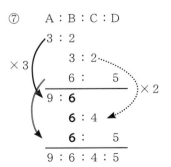

A：B：C：D＝9：6：4：5

解答

P30
テスト3

⑧
```
        A :  B : C : D : E
×4 ⌐    3 :  1
   └   12 :  4
             4 :  3
×2 ⌐   12 :  4 : 3
   └   24 :  8 : 6
                 6 : 1
×9 ⌐   24 :  8 : 6 : 1
   └  216 : 72 : 54 : 9
                       9 : 5
      216 : 72 : 54 : 9 : 5
```

A : B : C : D : E = 216 : 72 : 54 : 9 : 5

⑨
```
       A :  B :  C :  D : E
×3 ⌐   2 :  5
   │   3 :       5
   └   6 : 15
                 5  ⌐
       6 :      10  │×2
                    ┘
       6 : 15 : 10
           5 :       7   ⌐
       6 : 15 : 10       │×3
                    21 ◄─┘
       6 : 15 : 10 : 21
                   10 :   3
       6 : 15 : 10 : 21 : 3
```

A : B : C : D : E = 6 : 15 : 10 : 21 : 3

⑩
```
        A :  B :  C :  D : E
        8 :             5
×3 ⌐    6 :       1
   │             15  ⌐×4
   └   24 :           
       24 :       4 ◄─┘
       24 :       4 : 15
                  4 :  7
×7 ⌐  168 :      28 : 105 ⌐×4
   └             16 : 28 ◄┘
      168 : 16 : 28 : 105
                  2 :        3
      168 : 16 : 28 : 105    ⌐×8
             16 :        24 ◄┘
      168 : 16 : 28 : 105 : 24
```

A : B : C : D : E = 168 : 16 : 28 : 105 : 24

解 答

P32

問題12

① 　　2＋5＝7　　14本÷7＝2本

　　2本×2＝4本…太郎　　2本×5＝10本…花子（14本－4本＝10本…花子）

　別解
　　2＋5＝7　　14本×$\frac{2}{7}$＝4本…太郎　　14本×$\frac{5}{7}$＝10本…花子

__太郎　4本、花子　10本__

② 　　3＋7＝10　　20本÷10＝2本

　　2本×3＝6本…太郎　　2本×7＝14本…花子（20本－6本＝14本…花子）

　別解
　　3＋7＝10　　20本×$\frac{3}{10}$＝6本…太郎　　20本×$\frac{7}{10}$＝14本…花子

__太郎　6本、花子　14本__

③ 　　5＋3＝8　　40本÷8＝5本

　　5本×5＝25本…太郎　　5本×3＝15本…花子（40本－25本＝15本…花子）

　別解
　　5＋3＝8　　40本×$\frac{5}{8}$＝25本…太郎　　40本×$\frac{3}{8}$＝15本…花子

__太郎　25本、花子　15本__

④ 　　8＋5＝13　　52本÷13＝4本

　　4本×8＝32本…太郎　　4本×5＝20本…花子（52本－32本＝20本…花子）

　別解
　　8＋5＝13　　52本×$\frac{8}{13}$＝32本…太郎　　52本×$\frac{5}{13}$＝20本…花子

__太郎　32本、花子　20本__

解　答

P34

問題13

① 　　5＋2＋3＝10　　　20個÷10＝2個　　　2個×5＝10個…ゆりこ

　　　2個×2＝4個…ももこ　　2個×3＝6個…さくら（20個－10個－4個＝6個…さくら）

　　別解

　　　5＋2＋3＝10

　　　20個×$\frac{5}{10}$＝10個…ゆりこ　　20個×$\frac{2}{10}$＝4個…ももこ　　20個×$\frac{3}{10}$＝6個…さくら

<u>　　　　　　　　　　　　　　　　　　ゆりこ　10個、ももこ　4個、さくら　6個</u>

② 　　1＋6＋5＝12　　　60個÷12＝5個　　　5個×1＝5個…ゆりこ

　　　5個×6＝30個…ももこ　　5個×5＝25個…さくら（60個－5個－30個＝25個…さくら）

　　別解

　　　1＋6＋5＝12

　　　60個×$\frac{1}{12}$＝5個…ゆりこ　　60個×$\frac{6}{12}$＝30個…ももこ　　60個×$\frac{5}{12}$＝25個…さくら

<u>　　　　　　　　　　　　　　　　　　ゆりこ　5個、ももこ　30個、さくら　25個</u>

③ 　　3＋7＋4＝14　　　56個÷14＝4個　　　4個×3＝12個…ゆりこ

　　　4個×7＝28個…ももこ　　4個×4＝16個…さくら（56個－12個－28個＝16個…さくら）

　　別解

　　　3＋7＋4＝14

　　　56個×$\frac{3}{14}$＝12個…ゆりこ　　56個×$\frac{7}{14}$＝28個…ももこ　　56個×$\frac{4}{14}$＝16個…さくら

<u>　　　　　　　　　　　　　　　　　　ゆりこ　12個、ももこ　28個、さくら　16個</u>

④ 　　2＋5＋8＝15　　　90個÷15＝6個　　　6個×2＝12個…ゆりこ

　　　6個×5＝30個…ももこ　　6個×8＝48個…さくら（90個－12個－30個＝48個…さくら）

　　別解

　　　2＋5＋8＝15

　　　90個×$\frac{2}{15}$＝12個…ゆりこ　　90個×$\frac{5}{15}$＝30個…ももこ　　90個×$\frac{8}{15}$＝48個…さくら

<u>　　　　　　　　　　　　　　　　　　ゆりこ　12個、ももこ　30個、さくら　48個</u>

解 答

P35
テスト4

① 　　4＋3＝7　　35本÷7＝5本
　　5本×4＝20本…太郎　　5本×3＝15本…次郎（35本－20本＝15本…次郎）

　別解
　　4＋3＝7　　35本×$\frac{4}{7}$＝20本…太郎　　35本×$\frac{3}{7}$＝15本…次郎

太郎　20本、次郎　15本

② 　　7＋2＝9　　81本÷9＝9本
　　9本×7＝63本…太郎　　9本×2＝18本…次郎（81本－63本＝18本…次郎）

　別解
　　7＋2＝9　　81本×$\frac{7}{9}$＝63本…太郎　　81本×$\frac{2}{9}$＝18本…次郎

太郎　63本、次郎　18本

③ 　　4＋9＝13　　91本÷13＝7本
　　7本×4＝28本…太郎　　7本×9＝63本…次郎（91本－28本＝63本…次郎）

　別解
　　4＋9＝13　　91本×$\frac{4}{13}$＝28本…太郎　　91本×$\frac{9}{13}$＝63本…次郎

太郎　28本、次郎　63本

④ 　　2＋5＋3＝10　　80個÷10＝8個　　8個×2＝16個…ゆりこ
　　8個×5＝40個…ももこ　　8個×3＝24個…さくら（80個－16個－40個＝24個…さくら）

　別解
　　2＋5＋3＝10
　　80個×$\frac{2}{10}$＝16個…ゆりこ　　80個×$\frac{5}{10}$＝40個…ももこ　　80個×$\frac{3}{10}$＝24個…さくら

ゆりこ　16個、ももこ　40個、さくら　24個

解 答

P36

テスト4

⑤ 　　7＋3＋4＝14　　84個÷14＝6個　　6個×7＝42個…ゆりこ

　　6個×3＝18個…ももこ　　6個×4＝24個…さくら（84個－42個－18個＝24個…さくら）

　別解

　　7＋3＋4＝14

　　84個×$\frac{7}{14}$＝42個…ゆりこ　　84個×$\frac{3}{14}$＝18個…ももこ　　84個×$\frac{4}{14}$＝24個…さくら

　　　　　　　　　　　　　　　　ゆりこ　42個、ももこ　18個、さくら　24個

⑥ 　　7＋4＋5＝16　　64個÷16＝4個　　4個×7＝28個…ゆりこ

　　4個×4＝16個…ももこ　　4個×5＝20個…さくら（64個－28個－16個＝20個…さくら）

　別解

　　7＋4＋5＝16

　　64個×$\frac{7}{16}$＝28個…ゆりこ　　64個×$\frac{4}{16}$＝16個…ももこ　　64個×$\frac{5}{16}$＝20個…さくら

　　　　　　　　　　　　　　　　ゆりこ　28個、ももこ　16個、さくら　20個

⑦ 　　1＋2＋3＋4＝10　　100枚÷10＝10枚

　　10枚×1＝10枚…一郎　　10枚×2＝20枚…二郎　　10枚×3＝30枚…三郎

　　10枚×4＝40枚…四郎（100枚－10枚－20枚－30枚＝40枚…四郎）

　別解

　　1＋2＋3＋4＝10　　100枚×$\frac{1}{10}$＝10枚…一郎　　100枚×$\frac{2}{10}$＝20枚…二郎

　　　　　　　　　　100枚×$\frac{3}{10}$＝30枚…三郎　　100枚×$\frac{4}{10}$＝40枚…四郎

　　　　　　　　　　　　一郎　10枚、二郎　20枚、三郎　30枚、四郎　40枚

解 答

P36
テスト4

⑧　　2＋5＋4＋7＝18　　90枚÷18＝5枚
　　　5枚×2＝10枚…一郎　　5枚×5＝25枚…二郎　　5枚×4＝20枚…三郎
　　　5枚×7＝35枚…四郎（90枚－10枚－25枚－20枚＝35枚…四郎）

　　別解
　　　2＋5＋4＋7＝18　　90枚×$\frac{2}{18}$＝10枚…一郎　　90枚×$\frac{5}{18}$＝25枚…二郎

　　　　　　　　　　　　90枚×$\frac{4}{18}$＝20枚…三郎　　90枚×$\frac{7}{18}$＝35枚…四郎

　　　　　　　　　　　　　　　<u>一郎　10枚、二郎　25枚、三郎　20枚、四郎　35枚</u>

P37
⑨　　まず、山田、佐藤、田中、鈴木の連比を求めます。

山：佐：　田：鈴
×3 ⎛ 2 ： 5
　　⎝　　　3 ： 2
　　6 ：15　　　　×5
　　　　　15：10
――――――――――――
　　6 ：15：10
　　　　　　　5：4
　　6 ：15：10　　×2
　　　　　　　10： 8
――――――――――――
　　6 ：15：10： 8　　　　　　山田：佐藤：田中：鈴木＝6：15：10：8　となります。

　　6＋15＋10＋8＝39　　234個÷39＝6個
　　6個×6＝36個…山田　　6個×15＝90個…佐藤　　6個×10＝60個…田中
　　6個×8＝48個…鈴木（234個－36個－90個－60個＝48個…鈴木）

　　別解
　　　6＋15＋10＋8＝39　　234個×$\frac{6}{39}$＝36個…山田　　234個×$\frac{15}{39}$＝90個…佐藤

　　　　　　　　　　　　234個×$\frac{10}{39}$＝60個…田中　　234個×$\frac{8}{39}$＝48個…鈴木

　　　　　　　　　　　　　　　<u>山田　36個、佐藤　90個、田中　60個、鈴木　48個</u>

解 答

P37
テスト4

⑩
```
        谷 ： 峰 ： 岡 ： 原
         9 ： 8
   ×2 (  6 ：      1 1 )
       ↘18：16        ×3
          18：      33 ↙
       ────────────
         18：16：33
   ×3 (     12：      7 )
       ↘54：48：99     ×4
             48：    28 ↙
       ────────────
         54：48：99：28
```
　　　　　　　　　　　　　谷：峰：岡：原＝54：48：99：28　となります。

54＋48＋99＋28＝229　　458個÷229＝2個
2個×54＝108個…谷　　2個×48＝96個…峰　　2個×99＝198個…岡
2個×28＝56個…原（458個－108個－96個－198個＝56個…原）

別解
54＋48＋99＋28＝229
458個×$\frac{54}{229}$＝108個…谷　　458個×$\frac{48}{229}$＝96個…峰
458個×$\frac{99}{229}$＝198個…岡　　458個×$\frac{28}{229}$＝56個…原

谷　108個、峰　96個、岡　198個、原　56個

M.acceess　学びの理念

☆**学びたいという気持ちが大切です**
　勉強を強制されていると感じているのではなく、心から学びたいと思っていることが、子どもを伸ばします。

☆**意味を理解し納得する事が学びです**
　たとえば、公式を丸暗記して当てはめて解くのは正しい姿勢ではありません。意味を理解し納得するまで考えることが本当の学習です。

☆**学びには生きた経験が必要です**
　家の手伝い、スポーツ、友人関係、近所付き合いや学校生活もしっかりできて、「学び」の姿勢は育ちます。
　生きた経験を伴いながら、学びたいという心を持ち、意味を理解、納得する学習をすれば、負担を感じるほどの多くの問題をこなさずとも、子どもたちはそれぞれの目標を達成することができます。

発刊のことば

　「生きてゆく」ということは、道のない道を歩いて行くようなものです。「答」のない問題を解くようなものです。今まで人はみんなそれぞれ道のない道を歩き、「答」のない問題を解いてきました。

　子どもたちの未来にも、定まった「答」はありません。もちろん「解き方」や「公式」もありません。私たちの後を継いで世界の明日を支えてゆく彼らにもっとも必要な、そして今、社会でもっとも求められている力は、この「解き方」も「公式」も「答」すらもない問題を解いてゆく力ではないでしょうか。

　人間のはるかに及ばない、素晴らしい速さで計算を行うコンピューターでさえ、「解き方」のない問題を解く力はありません。特にこれからの人間に求められているのは、「解き方」も「公式」も「答」もない問題を解いてゆく力であると、私たちは確信しています。

　M.accessの教材が、これからの社会を支え、新しい世界を創造してゆく子どもたちの成長に、少しでも役立つことを願ってやみません。

思考力算数練習帳シリーズ４１
比の基礎　新装版　分数範囲　　（内容は旧版と同じものです）

新装版　第１刷
編集者　M.access（エム・アクセス）
発行所　株式会社　認知工学
〒６０４−８１５５　京都市中京区錦小路烏丸西入ル占出山町３０８
電話　（０７５）２５６−７７２３　　email：ninchi@sch.jp
郵便振替　０１０８０−９−１９３６２　株式会社認知工学

ISBN978-4-86712-141-2　C-6341　　A41080124I　M

定価＝　本体６００円　＋税

ISBN978-4-86712-141-2 C6341 ¥600E

定価：本体６００円＋消費税

M.access 認知工学

表紙の解答

共通のBの部分「4」と「6」を同じ数にすれば合成できる。
「4」と「6」の最小公倍数は「12」だから

```
    A :  B :  C
    3 :  4
×3  ↓
    9 : 12
         6 :  5
              ×2
        12 : 10
    ─────────────
    9 : 12 : 10
```

答、9：12：10

Psyper サイパー

思考力算数練習帳シリーズ

シリーズ39

面積　上　新装版

面積の意味から、正方形・長方形
・平行四辺形・三角形の面積の求め方まで

整数範囲：二桁のかけ算・わり算まで

問題、図の平行四辺形の面積を求めなさい。

26cm
24cm
17cm
25cm

答、_____cm²

新装版